对接世界技能大赛技术标准创新系列教材

技工院校一体化课程教学改革工业机器人应用与维护专业教材

工业机器人多工作站联调

人力资源社会保障部教材办公室　组织编写

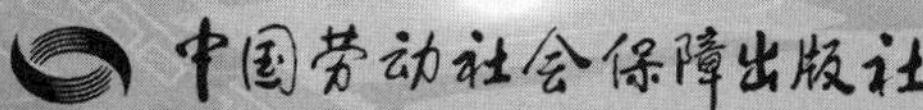

内容简介

本套教材为对接世赛标准深化一体化专业课程改革工业机器人应用与维护专业教材，对接世赛机器人系统集成等项目，学习目标融入世赛要求，学习内容对接世赛技能标准，考核评价方法参照世赛评分方案，并设置了世赛知识栏目。

本书主要内容包括：工业机器人工作站间通信与测试、工业机器人多工作站的联机调试等。

图书在版编目（CIP）数据

工业机器人多工作站联调 / 人力资源社会保障部教材办公室组织编写 . -- 北京：中国劳动社会保障出版社，2021

对接世界技能大赛技术标准创新系列教材　技工院校一体化课程教学改革工业机器人应用与维护专业教材

ISBN 978-7-5167-4926-5

Ⅰ. ①工…　Ⅱ. ①人…　Ⅲ. ①工业机器人 – 工作站 – 系统测试 – 技工学校 – 教材　Ⅳ. ①TP242.2

中国版本图书馆 CIP 数据核字（2021）第 191951 号

中国劳动社会保障出版社出版发行

（北京市惠新东街 1 号　邮政编码：100029）

*

北京市白帆印务有限公司印刷装订　　新华书店经销

880 毫米 ×1230 毫米　16 开本　4.5 印张　102 千字

2021 年 10 月第 1 版　　2024 年 8 月第 2 次印刷

定价：12.00 元

营销中心电话：400-606-6496

出版社网址：http://www.class.com.cn

http://jg.class.com.cn

对接世界技能大赛技术标准创新系列教材

编审委员会

主　任：刘　康

副主任：张　斌　王晓君　刘新昌　冯　政

委　员：王　飞　翟　涛　杨　奕　张　伟　赵庆鹏　姜华平
　　　　杜庚星　王鸿飞

工业机器人应用与维护专业课程改革工作小组

课 改 校：广州市机电技师学院　北京汽车技师学院
　　　　　天津市电子信息技师学院　山东技师学院
　　　　　荆门技师学院　广州市工贸技师学院
　　　　　广西科技商贸高级技工学校　南京技师学院
　　　　　广西机电技师学院　云南技师学院
　　　　　成都市技师学院　东莞市技师学院

技术指导：郑　桐　李瑞峰

编　　辑：张　毅　范贻潘

本书编审人员

主　　编：阎玉梅

副 主 编：张万达　张冬柏

参　　编：国　正

审　　稿：庞　猛

序

世界技能大赛由世界技能组织每两年举办一届，是迄今全球地位最高、规模最大、影响力最广的职业技能竞赛，被誉为“世界技能奥林匹克”。我国于2010年加入世界技能组织，先后参加了五届世界技能大赛，累计取得36金、29银、20铜和58个优胜奖的优异成绩。第46届世界技能大赛将在我国上海举办。2019年9月，习近平总书记对我国选手在第45届世界技能大赛上取得佳绩作出重要指示，并强调，劳动者素质对一个国家、一个民族发展至关重要。技术工人队伍是支撑中国制造、中国创造的重要基础，对推动经济高质量发展具有重要作用。要健全技能人才培养、使用、评价、激励制度，大力发展技工教育，大规模开展职业技能培训，加快培养大批高素质劳动者和技术技能人才。要在全社会弘扬精益求精的工匠精神，激励广大青年走技能成才、技能报国之路。

为充分借鉴世界技能大赛先进理念、技术标准和评价体系，突出“高、精、尖、缺”导向，促进技工教育与世界先进标准接轨，完善我国技能人才培养模式，全面提升技能人才培养质量，人力资源社会保障部于2019年4月启动了世界技能大赛成果转化工作。根据成果转化工作方案，成立了由世界技能大赛中国集训基地、一体化课改学校，以及竞赛项目中国技术指导专家、企业专家、出版集团资深编辑组成的对接世界技能大赛技术标准深化专业课程改革工作小组，按照创新开发新专业、升级改造传统专业、深化一体化专业课程改革三种对接转化原则，以专业培养目标对接职业描述、专业课程对接世界技能标准、课程考核与评价对接评分方案等多种操作模式和路径，同时融入健康与安全、绿色与环保及可持续发展理念，开发与世界技能大赛项目对接的专业人才培养方案、教材及配套教学资源。首批对接 19 个世界技能大赛项目共 12 个专业的成果将于 2020—2021 年陆续出版，主要用于技工院校日常专业教学工作中，充分发挥世界技能大赛成果转化对技工院校技能人才的引领示范作用。在总结经验及调研的基础上选择新的对接项目，陆续启动第二批等世界技能大赛成果转化工作。

希望全国技工院校将对接世界技能大赛技术标准创新系列教材，作为深化专业课程建设、创新人才培养模式、提高人才培养质量的重要抓手，进一步推动教学改革，坚持高端引领，促进内涵发展，提升办学质量，为加快培养高水平的技能人才作出新的更大贡献！

2020年11月

工业机器人应用与维护专业一体化教学参考书目录

序号	书名
1	电工基础（第六版）
2	电子技术基础（第六版）
3	机械与电气识图（第四版）
4	机械知识（第六版）
5	电工仪表与测量（第六版）
6	电机与变压器（第六版）
7	安全用电（第六版）
8	电工材料（第五版）
9	可编程序控制器及其应用（三菱）（第四版）
10	可编程序控制器及其应用（西门子）（第二版）
11	电力拖动控制线路与技能训练（第六版）
12	电工技能训练（第六版）
13	工业机器人基础
14	工业机器人操作与编程（ABB）
15	工业机器人操作与编程（FANUC）
16	工业机器人安装与调试
17	工业机器人仿真设计（ABB）
18	工业机器人仿真设计（FANUC）
19	工业机器人维护与保养

目　　录

学习任务一　工业机器人工作站间通信与测试……（1）
学习活动 1　明确工作任务和制订工作计划……（4）
学习活动 2　工作站通信线的安装与信号的检测……（9）
学习活动 3　工位间交互信号的连接与检测……（21）
学习活动 4　工作总结与评价……（29）
世赛知识　中国的参赛历程与成绩……（32）
学习任务二　工业机器人多工作站的联机调试……（33）
学习活动 1　多工作站联调电控信号的检测……（36）
学习活动 2　多工作站联调通信与程序编写……（42）
学习活动 3　多工作站联调的整线联调……（52）
学习活动 4　工作总结与评价……（59）
世赛知识　我国参赛选手的选拔……（62）

学习任务一　工业机器人工作站间通信与测试

学习目标

1. 能根据任务要求，明确工业机器人工作站间通信与测试的工作内容及工期要求，讨论并制订合理的工作计划。

2. 能明确相关作业规范及技术标准，并能进行作业前的准备工作。

3. 能读懂机器人设备的通信连接图。

4. 能完成工作站通信线的安装、检查与测试。

5. 能完成工业机器人工作站间交互信号线的安装、检查与测试。

6. 能操作工业机器人设备并使工作站正常运行。

7. 能填写相应的测试记录单。

8. 能主动获取有效信息，展示工作成果，对学习与工作进行反思和总结，并能与他人良好合作，进行有效的沟通。

建议学时

48 学时

工作情境描述

某手机制造企业需要快速检测手机性能，引进了一套工业机器人手机测试线。该测试线由 3 台 6 轴工业机器人、3 套测试设备、3 套视觉系统、4 条物流线和 1 套 PLC 总控系统组成，可完成三种手机功能的测试。前期需要完成生产线的站间通信与测试。由调试负责人向操作调整工下达联机调试任务，要求操作调整工按照合同的技术要求，在规定的工期内完成工业机器人手机测试线通信线的安装与信号的检查测试、工作站间交互信号的连接、检查与测试。

工作流程与活动

1．明确工作任务和制订工作计划（4 学时）

2．工作站通信线的安装与信号的检测（24 学时）

3．工位间交互信号的连接与检测（18 学时）

4．工作总结与评价（2 学时）

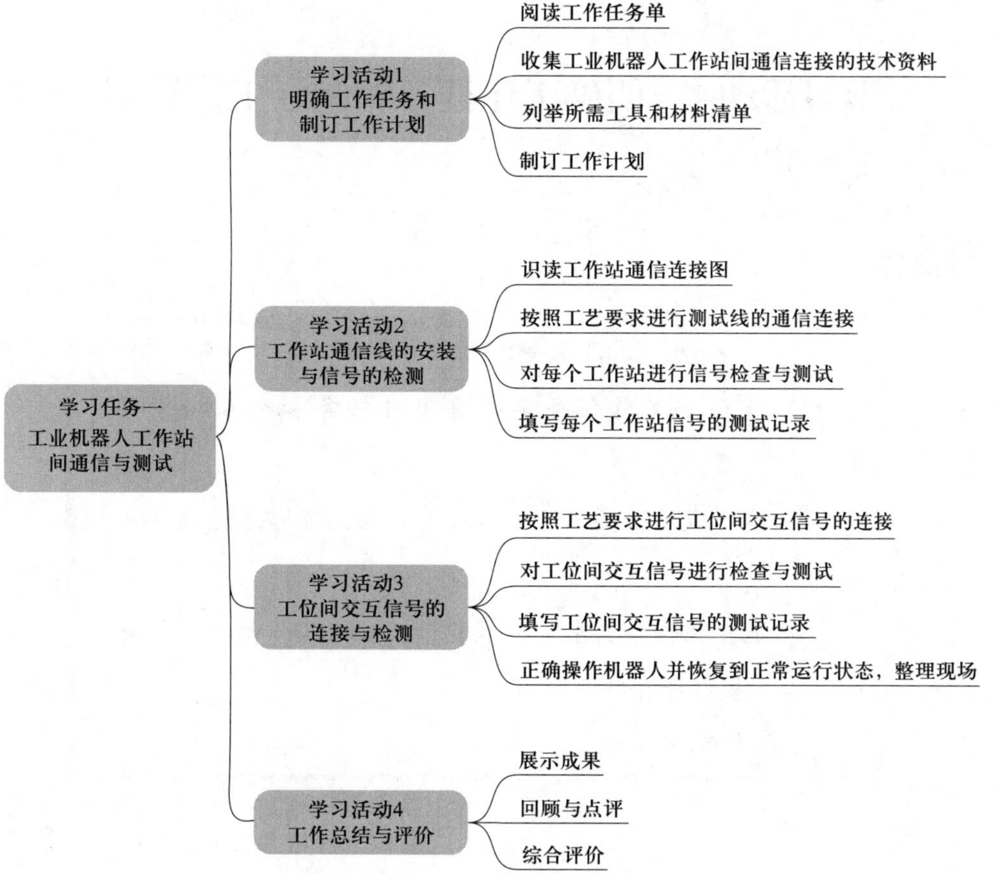
学习任务一
工业机器人工作站间通信与测试
学习活动1
明确工作任务和制订工作计划
阅读工作任务单
收集工业机器人工作站间通信连接的技术资料
列举所需工具和材料清单
制订工作计划
学习活动2
工作站通信线的安装与信号的检测
识读工作站通信连接图
按照工艺要求进行测试线的通信连接
对每个工作站进行信号检查与测试
填写每个工作站信号的测试记录
学习活动3
工位间交互信号的连接与检测
按照工艺要求进行工位间交互信号的连接
对工位间交互信号进行检查与测试
填写工位间交互信号的测试记录
正确操作机器人并恢复到正常运行状态，整理现场
学习活动4
工作总结与评价
展示成果
回顾与点评
综合评价

学习活动 1　明确工作任务和制订工作计划

学习目标

1. 能通过工作任务单明确项目任务和个人任务要求。

2. 能到现场收集工业机器人工作站间通信连接的技术资料。

3. 能根据任务要求和技术资料，制订工作计划，列举所需工具和材料清单。

建议学时：4 学时

学习过程

一、明确工作任务

阅读工作情境描述并查阅相关资料，结合本任务的实际情况，填写表 1–1–1 所列工作任务单，并回答后面的问题。

表 1–1–1　工作任务单

流水单号：			
客户单位：		安装人员：	电话：
工作地点			
工作项目	手机测试线工业机器人工作站间通信连接与测试		
工作开始时间	年　月　日	工作结束时间	年　月　日
验收意见			
验收人签字			
客户负责人		客户负责人电话	

1．该项工作的具体内容是什么?

2．该项工作计划工时是多少?开始时间、结束时间分别是何时?

3．该项工作由谁完成?参与人有谁?

4．该项工作怎样才算完成?

5．本任务手机测试线可实现哪三种手机功能的测试?

(1)功能一:

(2)功能二:

（3）功能三：

6．工业机器人手机测试线由哪几部分组成？

二、制订工作计划

1．到现场与相关负责人沟通，采集工业机器人工作站间通信连接的技术资料，规范有序地整理、记录好，通过阅读了解技术资料内容，将所获得的主要技术资料内容记录下来。

2．查阅相关资料，结合前面所学课程任务完成的过程，通过小组讨论，确定完成本项工作任务所需的工具、材料、辅料、仪器、设备和劳动保护用品，自行设计表格记录下来。

3．根据任务要求，查阅相关资料并通过小组讨论，确定完成工作任务所需的主要步骤，制订出工作计划，记录在表 1–1–2 中。

表 1–1–2　　　工作计划表

<table>
<tr><td>团队名称</td><td></td><td>团队编号</td><td></td><td>任务名称</td><td colspan="2"></td><td>任务起止日期</td><td></td></tr>
<tr><td>序号</td><td>步骤名称</td><td colspan="4">工作内容</td><td>预计施工日期</td><td>预计工时</td><td>备注</td></tr>
<tr><td>1</td><td></td><td colspan="4"></td><td></td><td></td><td></td></tr>
<tr><td>2</td><td></td><td colspan="4"></td><td></td><td></td><td></td></tr>
<tr><td>3</td><td></td><td colspan="4"></td><td></td><td></td><td></td></tr>
<tr><td>4</td><td></td><td colspan="4"></td><td></td><td></td><td></td></tr>
<tr><td>5</td><td></td><td colspan="4"></td><td></td><td></td><td></td></tr>
<tr><td>6</td><td></td><td colspan="4"></td><td></td><td></td><td></td></tr>
</table>

计划制订人签名：____________　　教师签名：____________

年　　月　　日

学习拓展

工业数据通信

通信是信息的交换。随着工业系统走向分布化和网络化，通信技术和网络技术成为工业自动化技术的核心内容之一。工厂生产管理系统和生产控制单元之间、控制器与各种生产设备之间的信息流通道成为工业企业的命脉。对通信和数据传输的理解也是我们学习理解生产系统的基础，这里将工业数据通信相关的基本概念做一简要介绍。

1．工业数据通信系统

在生产设备之间传递数字信息时，工业数据通信是形成控制网络的基础和支撑条件，是控制网络技术的重要组成部分。工业数据通信系统也是工业控制内的局域网，是生产企业的底层网络。

2．实时

所谓实时，是指对输入信息以足够快的速度进行处理，包括硬实时（hard real–time）和软实时（soft real–time）。在硬实时系统中，要求任务响应要实时，而且要求在规定的时间内完成事件的处理。软实时系统仅要求事件响应是实时的，并不限定任务必须在多长时间内完成。

工业控制系统对数据传输的实时性要求依赖于特定的应用。例如，化工热化控制须有秒级的响应时间；过程控制和监控系统需要 100 ms 的响应时间；基于可编程控制器（programmable logic controller，PLC）的机械控制系统需要 10 ms 的响应时间；多轴协同动态高速运动控制系统实时性要求在 1 ms 以内。

工业控制信号有周期性实时数据、非周期性实时数据和软实时数据等。

周期性实时数据和非周期性实时数据必须严格在规定时间内响应，否则将导致设备误操作，甚至整个控制系统崩溃。软实时数据可以有传输延迟，但延迟过大同样威胁系统的正常运行。

3．在线方式和离线方式

在计算机控制系统中，生产过程中设备和计算机直接连接，并受计算机控制的方式称为在线方式或联机方式；生产过程中设备不和计算机相连，且不受计算机控制，而是通过中间介质记录，依靠操作者进行操作的为离线方式或脱机方式。

一个在线系统不一定是一个实时系统，但一个实时控制系统必定是在线系统。

4．工业通信应满足的要求

（1）可靠性高：平均无故障工作时间（mean time between failure，MTBF）要达到几万小时，尽量缩短故障修复时间（mean time to repair，MTTR）。

（2）实时性好：系统实时响应控制对象各种参数的变化。

（3）环境适应性强：工业现场环境恶劣，电磁干扰严重，因此要求工控系统具有很强的环境适应能力，能防尘、防腐蚀、防震动冲击，具有较好的电磁兼容性和高抗干扰能力。

（4）输入和输出配套好：具有多种功能的过程输入和输出手段，包括模拟量、开关量、脉冲量、频率量等；有多种类型的信号调理功能，如隔离型和非隔离型信号调理、各类热电偶和热电阻信号输入调理、电压/电流信号输入和输出信号的调理等。

（5）系统扩充性好：随着工厂自动化水平的提高，控制规模也在不断扩大，因此工控系统要有灵活的扩充性。

（6）系统开放性：工控系统在主系统接口、网络通信、软件兼容及升级等方面应便于扩充、连接。

（7）控制软件包功能强。

（8）系统通信功能强：具有串行通信、网络通信功能。

（9）后备措施齐全：包括供电后备、存储器信息保护、手动/自动操作切换、紧急事故处理装置等。

（10）具有冗余性：在可靠性要求更高的场合，要求有双机工作及冗余系统，包括双控制站、双操作站、双网通信、双供电系统、双电源等，具有双机切换功能，装有双机监视软件等，以确保系统长期不间断地运行。

学习活动 2　工作站通信线的安装与信号的检测

学习目标

1. 能识读设备通信连接图。

2. 能正确使用工具，按照工艺要求进行工作站通信线的连接。

3. 能正确使用仪器对每个工作站进行信号检查与测试。

4. 能正确填写每个工作站信号的测试记录。

建议学时：24 学时

学习过程

一、工作站通信线的连接

查阅相关资料，结合图 1–2–1 所示连接图示例，学习工作站通信线连接的知识和技能，回答后面的引导问题，完成工作站通信线的连接。

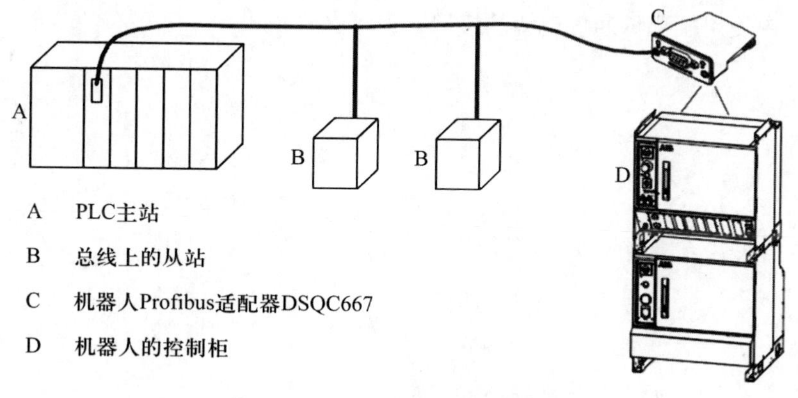

图 1–2–1　工作站通信连接图

1．参照图 1–2–1，简述工作站通信线安装的主要工作内容、工作步骤。

2．该机器人系统使用了哪种现场总线技术?

3．该机器人系统使用了哪种适配器？作用是什么?

4．该机器人系统中使用了哪种通信电缆的接口？有什么特点?

5．当 RS485 DP 电缆通信速率达到 12 Mbit/s 时，通信距离不能超过多少（以 m 为单位）？当通信距离达到 1.2 km 时，它的通信速率不会超过多少（以 kbit/s 为单位）？

6．在安装通信电缆时，如果电缆需要交叉，相互间夹角有何要求?

7．在单个弯曲和多个弯曲时，Profibus DP 电缆允许的最小弯曲半径分别是多少?

8．电缆屏蔽层的良好接地可以减少电磁干扰，等电势连接可以确保整个网络中各处接地点电势相等，将避免接地电流流过 Profibus 电缆的什么部位?

9．安装接线时，需对照电路图等相关图样施工。“⏚”是在相关电路图中常见的符号，查阅资料，写出该符号的含义。

10．Profibus DP 电缆用于屏蔽连接的是电缆的哪层? 许多 Profibus 电缆还具有什么层? （该层不能用于屏蔽连接）

11．使用 Profibus DP 电缆时，对于包含频率变换器（如变频器）的设备必须采取什么措施?

二、工作站信号检查与测试

查阅相关资料，学习工作站信号检查与测试的知识和技能，完成相关检查测试，回答引导问题，记录检查测试结果。

1．使用万用表检测 Profibus DP 网段的条件有哪些?

2．根据计算公式“电缆回路阻抗（Ω）＝网段电缆长度（km）× 特定回路阻抗（Ω/km）”，Profibus DP A 型标准电缆的特定回路阻抗是 110 Ω/km，依次测量表 1-2-1 中所列连接器针脚之间的阻抗，并将表格填写完整。

表 1-2-1　　信号测量表 1

在连接器的针脚之间测量阻抗		测得阻抗			
		无穷大	≤回路阻抗	≈ 110 Ω	≈ 220 Ω
针脚 8（A 线）	针脚 3（B 线）				
针脚 8（A 线）	屏蔽				
针脚 3（B 线）	屏蔽				

3．测试网段第 1 个连接器上的短接针脚 8（A 线），并将表 1–2–2 填写完整。

表 1–2–2　信号测量表 2

在连接器的针脚之间测量阻抗		测得阻抗	
		无穷大	≈回路阻抗
针脚 8（A 线）	针脚 3（B 线）		
针脚 8（A 线）	屏蔽		

4．测试网段第 1 个连接器上的短接针脚 3（B 线），并将表 1–2–3 填写完整。

表 1–2–3　信号测量表 3

在连接器的针脚之间测量阻抗		测得阻抗	
		无穷大	≈回路阻抗
针脚 3（B 线）	屏蔽		

5．检验施工图样中设计的通信是否准确时，需要检测哪几个方面？

6．在现场检测通信系统时，主要检测哪几个方面？

7．检测每个工作站的信号，做好相应的记录，填写表 1–2–4。

表 1–2–4　　工作站信号检测表

序号	工作站	信号端子	单位	数量	附件	检测结果	备注

8．检测结果是否合格？如存在问题，查找问题原因，排除故障，重新检测。自行设计表格，将发现的问题、处理的方法记录下来。

学习拓展

RS485 通信

1．应用场合

RS485 通信用于现场 RS485 通信接口设备与通信工作站的连接。

2．布线规范

（1）RS485 通信线路的拓扑结构为一主多从方式。通信设备为 TDR920、TDR930 系列保护测控装置时，通信工作站的单路通信接口中最多可接入 8 个装置；为 TDR940 系列装置时，一般最多接入不超过 10 个装置；为电度表装置等慢速通信设备时，最多可接入 32 个装置，但一般不超过 16 个。

（2）在工程无特殊要求的情况下，通信电缆采用 8 芯超五类屏蔽双绞线。

（3）通信电缆应铺设在专用电缆通道内，与高电压（大于 48 V）、大电流（大于 10 A）电缆垂直距离大于 1 m，且不能与之平行。在不可避免的强干扰环境（距离高压、大电流设备或线路过近）下，通信线路应在专用钢管内走线，且钢管可靠接地。

（4）布放的线缆应平直，不得产生扭绞、打圈等现象，不能受到外力挤压和损伤。

（5）布放线缆应有冗余。通信端口接线两端应预留 0.3 ～ 0.6 m。

（6）通信电缆长度不超过 1 200 m。

（7）通信线路 485A、485B 必须使用同一对双绞线，这里规定使用橙白、橙这一对双绞线。线芯剥取长度为 15 cm 左右，待通信测试完成后，确定能够正常通信后再将多余的线芯剪掉，然后反拉通信线外皮，使多余的线芯包裹在外皮中。

（8）若 RS485 通信接口是端子型，必须采用 0.5 mm^2 针形压接头（线鼻子）冷压后接入端子；若设备通信接口是标准 DB9 公（母）头接口，必须使用 DB9 母（公）头焊接通信线并用塑料外壳封装好后安装接入。

（9）通信线缆两端必须贴有标签，标明起始和终端设备位置以及信息点等信息，标签必须使用记号笔书写，字迹应清晰、端正，内容要正确，以便于查找维护。以某主变保护柜中的 TDR935 装置（RS485 的通信线已引至屏柜 TD 端子）与远动柜中的 TDC9628 装置通过 RS485 方式通信为例，标签填写方式为：主变保护柜 TD 端子通信线标签填写为“至远动柜 TD5 端子”；远动柜 TD5 端子通信线标签填写为“至主变保护柜 TD 端子”。

（10）若通信管理机为单机置于后台，每根总线必须按照 568B 线序压接水晶头插入通信工作站端口中；若通信管理机为组屏且端口未扎线到端子，如果现场方便增加 TD 端子排，应先扎线增加 TD 端子后，再接串口总线，如果现场不具备条件，则需要按照 568B 的线序压接水晶头后直接插入端口。

（11）若总线要接到 TD 端子排，每个网线剥头处必须与所接入的 TD 端子平齐，端子接入后标签贴在其线芯上，若线芯长度有预留，需将整个线芯向后凹起。多根通信总线必须排置整齐后使用扎带可靠地固定在其接入端附近，不得吊挂，接入端子处不能直接受力，所有标签方向标识方向保持一致，水平总线排列整齐。

（12）如果两线制通信未连接或者乱码报文多，可考虑连接通信工作站和通信设备的通信电源的数字地。

（13）通信线路的屏蔽层应在通信主机端良好接地。

3．通信接线

当通信设备的通信接口端子采用接线端子方式时，RS485 网络拓扑宜采用串联总线型拓扑，即通信主机（主节点）位于总线的起始端，每套通信设备（从节点）根据安装位置依次串联。通信设备的连接如图 1-2-2 所示。

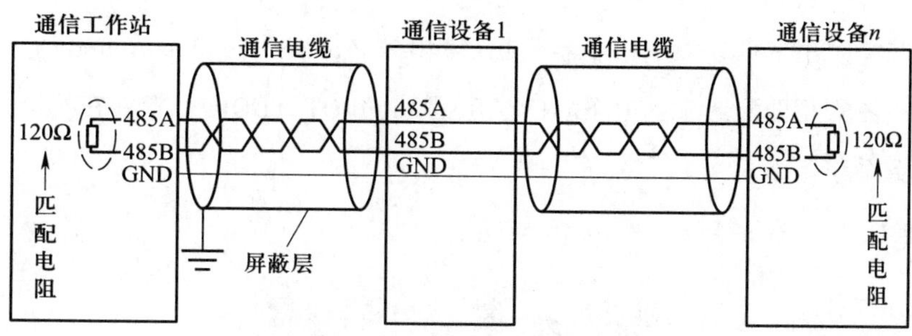

图 1-2-2　RS485 通信接线方式 1

当通信设备的通信接口端子采用 RJ45 等不能串联的接口方式时，通信设备只能采用星型总线方式。1 套或相邻的多套设备（如安装于同一面屏柜中的设备）连接各自的通信线至 1 个公共通信节点，多个公共节点之间仍采用依次串联的连接方式，如图 1-2-3 所示。

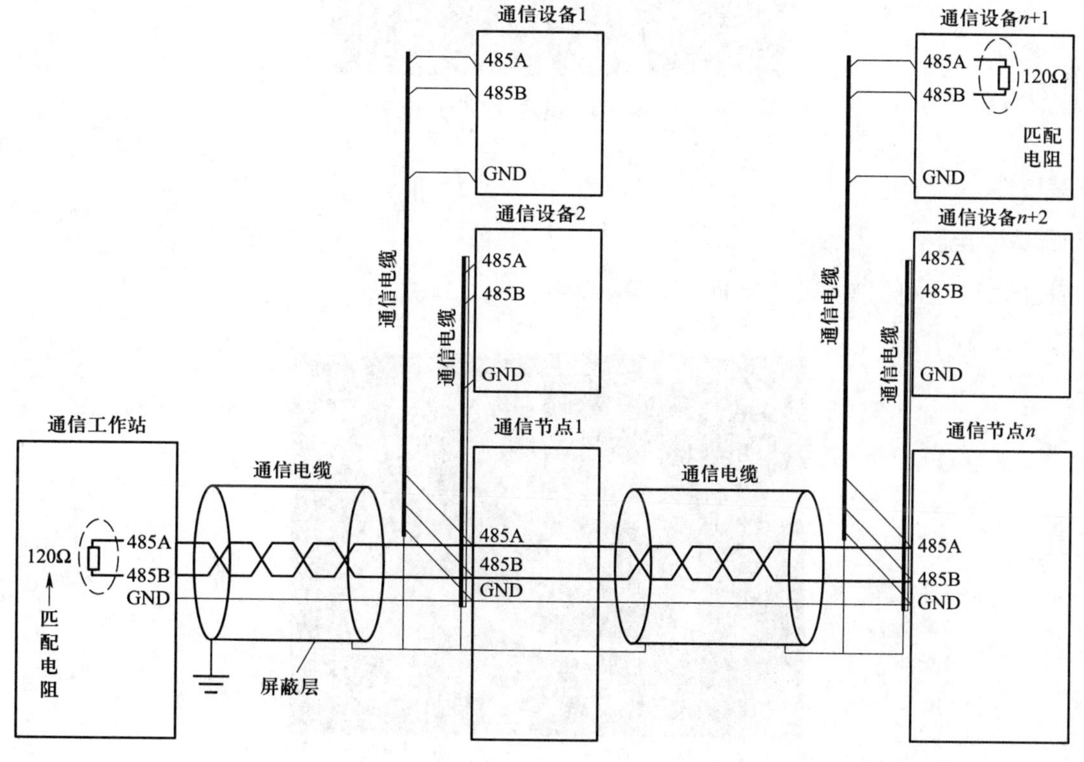

图 1-2-3　RS485 通信接线方式 2

4．终端匹配

当 RS485 通信线路中误码率较高或通信线路接近末端位置的通信设备不能正常通信时，可在通信线路的 485A 针脚与 485B 针脚之间跨接 120 Ω 匹配电阻，以减少线路中的反射、吸收噪声，有效地抑制噪声干扰。

每条通信线路上只能有 2 个终端电阻且分别位于总线的两个最远端，中间不得再有任何匹配电阻。

IRC5 控制柜追加 Profibus-DP 模块的操作流程

1．准备工作

（1）获得一个可支持以下选项功能的控制器密钥：840-2 Profibus Fieldbus Adapter。

（2）已安装好与机器人相匹配版本的 ROBOTWARE 和 ROBOTSTUDIO，软件在机器人随机光盘中。

（3）做一个机器人系统备份。

（4）准备好 DP 模块（图 1-2-4）。

图 1-2-4　DP 模块（DSQC667）

2．安装硬件

（1）机器人断电。

（2）将控制柜中主机的盖板小心地拆掉（图 1-2-5）。

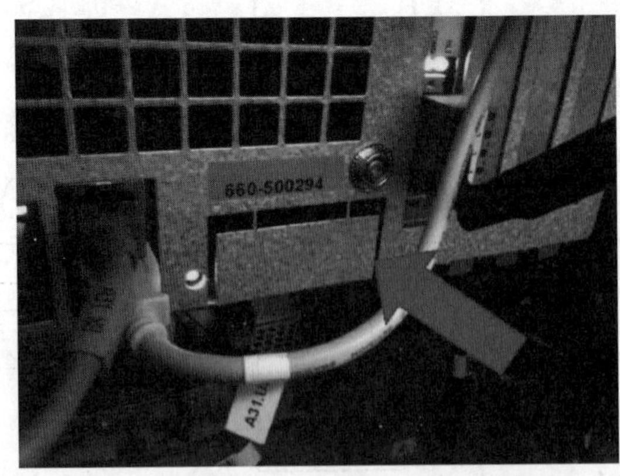

图 1-2-5　拆掉盖板

（3）将 DP 模块顺着导轨装入，使用梅花内六角扳手进行固定（图 1-2-6）。

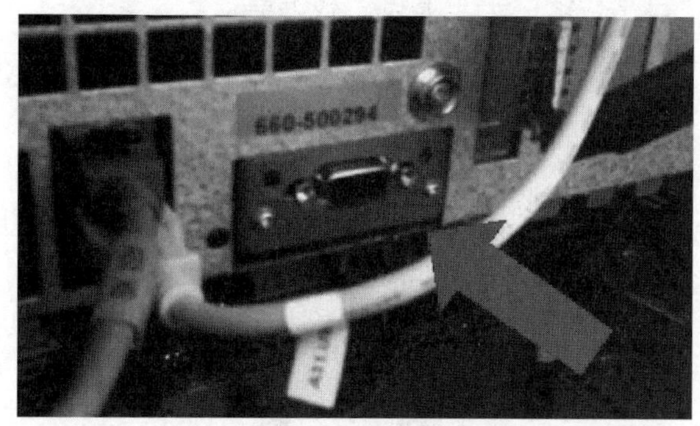

图 1-2-6　装入 DP 模块

3．更新机器人系统

（1）在 ROBOTSTUDIO 中重新建一个机器人系统，所用控制器密钥应具有 840-2 Profibus Fieldbus Adapter 1-2 选项，然后将系统下载安装到机器人控制柜。

（2）Profibus 适配器的设定见表 1-2-5。

表 1-2-5　Profibus 适配器的设定

参数名称	设定值	说明
Name	Profibus8	设定 IO 板在系统中的名称
Type of Unit	DP_SLAVE	设定 IO 板的类型
Connected to Bus	Profibus1	设定 IO 板连接的总线
Profibus Address	8	设定 IO 板在总线中的地址

在完成了 ABB 机器人上的 Profibus 适配器模块设定以后，在 PLC 端完成相关的操作：

1）将 ABB 机器人随机光盘的 DSQC667 配置文件（路径为 \RobotWare 5.13\Utility\Fieldbus\Profibus\GSD\HMS_1811.GSD）在 PLC 的组态软件中打开。

2）在 PLC 的组态软件中找到"Anybus-CC PROFIBUS DP-V1"，查看设置，确保 ABB 机器人中设置的信号与 PLC 端设置的信号是一一对应的。

HART 手操器介绍

HART（highway addressable remote transducer，可寻址远程传感器高速通道）协议是一种用于现场智能仪表和控制室设备之间的通信协议。

HART 手操器（图 1-2-7）把多功能校验仪的传统功能和 HART 通信功能结合在一起，既能完成包括电压、电流、热电偶、热电阻、频率、电阻、压力在内的常规校验，又能用来与所有流行的 HART 智能变送器直接通信，作为一台多功能手操器使用，用于维护和诊断 HART 仪表。使用它几乎可以完成所有的现场仪表检修调试工作，包括故障诊断、日常检修、开车调试、校准等。

图 1-2-7　HART 手操器

学习活动 3　工位间交互信号的连接与检测

学习目标

1. 能够正确使用工具，按照工艺要求进行工位间交互信号的连接。

2. 能够正确使用仪器对工位间交互信号进行检查与测试。

3. 能够正确填写工位间交互信号的测试记录。

4. 能够正确操作机器人并恢复到正常运行状态。

5. 任务完成后，能够规范整理相关工具材料和文件资料，恢复工作现场环境。

建议学时：18 学时

学习过程

一、工位间交互信号的连接

查阅相关资料，学习工位间交互信号连接的知识和技能，回答以下引导问题，完成工位间交互信号的连接。

1．简要说明如何对 PLC 进行 DP 主从通信设置，并将 1 号工位 PLC 设置为主站。

2．两台或两台以上西门子 S7–300 PLC 之间的通信协议有哪些?

3．西门子 S7–300 PLC 之间的 Profibus DP 通信要求自带什么接口？如果没有，必须配置什么模块来实现 Profibus 现场总线通信?

二、工位间交互信号检查与测试

查阅相关资料，学习工位间交互信号检查与测试的知识和技能，完成相关检查测试，回答引导问题，记录检查测试结果。

1．根据之前所学的 Profibus DP 电缆信号之间的通信检测，检查并测试工位间 PLC 交互信号，并记录在表 1–3–1 中。

表 1–3–1　　工位间 PLC 交互信号测试表

序号	工作站→工作站	信号端子	单位	数量	附件	检测结果	备注

续表

序号	工作站→工作站	信号端子	单位	数量	附件	检测结果	备注

2．Profibus 有哪三种总线访问控制机制?

3．Profibus 总线连接器都带有终端电阻，终端电阻放置在什么位置？是如何生效的?

4．“在一条 Profibus 总线上，位于总线中间的站点掉电，从电路连接上不会影响整个网络通信功能。”这个说法是否正确？为什么？

5．RS485 收发器的共模电压范围是多少？

6．检测结果是否合格？如存在问题，查找问题原因，排除故障，重新检测。确认问题解决后，将机器人恢复到正常运行状态。自行设计表格，将发现的问题、处理的方法记录下来。

7．任务完成后，对工作现场进行清理，恢复工作现场环境，将工具、仪器、设备、剩余器材归还至工具室、仪器室和材料室等保管场所，将表 1–1–1 所列工作任务单中的验收意见等相关内容填写完整，将相关资料、文件规范有序地整理好。

学习拓展

PLC 技术的基本知识

1．PLC 技术的概念

PLC（programmable logic controller）即可编程控制器，是以计算机技术为基础的工业控制装置，是一种专门为在工业环境下应用而设计的数字运算操作的电子装置。它采用可以编制程序的存储器，用来在其内部存储执行逻辑运算、顺序运算、计时、计数和算术运算等操作的指令，并能通过数字式或模拟式的输入和输出控制各种类型的机械或生产过程。

2．PLC 技术的发展历史

长期以来，计算机控制和传统 PLC 控制一直是工业控制领域的两种主要控制方法，PLC 自 1969 年问世以来，以其功能强、可靠性高、使用方便、体积小等优点在工业自动化领域得到迅速推广，成为工业自动化领域中极具竞争力的控制工具。但传统的 PLC 体系结构是封闭的，各个 PLC 厂家的硬件体系互不兼容，编程语言及指令系统各异，用户选择了一种 PLC 产品后，必须选择与其相应的控制规程、学习特定的编程语言，不利于终端用户功能的扩展。近年来，工业自动化控制系统的规模不断扩大，控制结构更趋于分散化和复杂化，需要更多的用户接口。同时，企业整合和开放式体系的发展，要求自动控制系统应具有强大的网络通信能力，使企业能及时地了解生产过程中的诸多信息，灵活选择解决方案，配置硬件和软件。此外为了扩大控制系统的功能，许多新型传感器被加装到控制单元上。

我国工业控制自动化的发展道路，大多是在引进成套设备的同时进行消化吸收，然后进行二次开发和应用。目前我国工业控制自动化技术、产业和应用都有了很大的发展，工业计算机系统行业已经形成。工业控制自动化技术正在向智能化、网络化和集成化方向发展。

3．PLC 的发展趋势

（1）功能向增强化和专业化的方向发展，针对不同行业的应用特点，开发出专业化的 PLC 产品。以此来提高产品的性能和降低产品的成本，提高产品的易用性和专业化水平。

（2）规模向小型化和大型化的方向发展，小型化是指在提高系统可靠性基础上，产品的体积越来越小，功能越来越强；大型化是指应用在工业过程控制领域较大的应用市场，应用的规模从几十点扩展到上千点，应用功能从单一的逻辑运算，扩展到几乎能满足所有的用户要求。

（3）系统向标准化和开放化方向发展，以个人计算机为基础，在 Windows 平台上开发符合全新一体化开放体系结构的 PLC，通过提供标准化和开放化的接口，可以很方便地将 PLC 接入其他系统。

4．PLC 的功能

随着自动化技术、计算机技术及网络通信技术的迅速发展，PLC 的功能日益增多。它不仅能实现单机控制，而且能实现多机群控制；不仅能实现逻辑控制，还能实现过程控制、运动控制和数据处理等，其主要功能如下：

（1）开关量逻辑控制

这是 PLC 的最基本的功能。PLC 具有强大的逻辑运算能力，它提供了与、或、非等各种逻辑指令，可实现继电器触点的串联、并联和混联等各种连接的开关控制，常用于取代传统的继电器控制系统。

（2）模拟量控制

在工业生产过程中，有许多连续变化的量，如温度、压力、流量、液位和速度等都是模拟量。PLC 提供了各种智能模块，如模拟量输入模块、模拟量输出模块、热电阻用模拟量输入模块、热电阻用模拟量输出模块等，通过使用这些模块，把现场输入的模拟量经 A/D 转换后送 CPU 处理；而 CPU 处理的数字结果，经 D/A 转换成模拟量去控制被控设备，以完成对这些连续变化的量的控制。

（3）闭环过程控制

使用 PLC 不仅可以对模拟量进行开环过程控制，而且还可以进行闭环过程控制。配置 PID 控制单元或模块，可对控制过程中某一变量（如速度、温度、电流、电压等）进行 PID 控制。

（4）定时、定位、计数控制

PLC 具有定时控制的功能，它为用户提供了若干个定时器，定时器的时间可以由用户在编写程序时设定，也可以用拨盘开关在外部设定，实现定时或延时控制。定位控制是 PLC 不可缺少的控制功能之一，PLC 提供了定位模块、脉冲输出模块等智能模块，以实现各种需求的定位控制。PLC 具有计数控制的功能，它为用户提供了若干个计数器或高速计数模块，计数器的计数值可以由用户在编写程序时设定，也可以用拨盘开关在外部设定。

（5）顺序（步进）控制

在工业控制中，选用 PLC 实现顺序控制，可以采用 IEC 规定的用于顺序控制的标准化语言——顺序功能图进行设计，可以用移位寄存器和顺序控制指令编写程序。

（6）网络通信

PLC 具有网络通信的功能，它既可以对远程 I/O 进行控制，又能实现与计算机之间的通信，从而构成“集中管理，分散控制”的分布式控制系统，实现工厂自动化。PLC 通过 RS232 接口可与各种 RS232 设备进行通信，还可与其他智能控制设备（如变频器、数控装置）实现通信。PLC 与变频器组成联合控制系统，可提高交流电动机的自动化控制水平。

（7）数据处理

PLC 具有数学运算（含矩阵运算、函数运算、逻辑运算）、数据传送、数据转换、排序、查表、位操作等功能，可以完成数据的采集、分析及处理。这些数据可以与存储在存储器中的参考值比较，完成一定的控制操作，也可以利用通信功能传送到其他的智能装置，或将它们打印制表。

5．PLC 的特点

（1）通用性强、灵活性好、功能齐全

PLC 是专为在工业环境下应用而设计的，具有面向工业控制的鲜明特点，通过选配相应的控制模块便可适用于各种不同的工业控制系统。同时，由于 PLC 采用存储逻辑，其控制逻辑以程序方式存储在内存中，当生产工艺改变或生产设备更新时，不必改变 PLC 的硬件，只需改变程序、改变控制逻辑即可，其连线少、体积小，加之 PLC 中每个软继电器的触点数理论上无限制，因此，灵活性和扩展性都很好。

（2）可靠性高、抗干扰能力强

为确保 PLC 在恶劣的工业环境下能可靠地工作，在设计中强化了 PLC 的抗干扰能力，使之能抗诸如电噪声、电源波动、震动、电磁等的干扰。PLC 能承受电网电压的变化，可直接由市电供电，直接取用电控箱电源，即使在电源瞬间断电的情况下，仍可正常工作。PLC 在设计、生产过程中除了对元器件严格筛选外，硬件和软件还采用屏蔽、滤波、光电隔离、故障诊断和自动恢复等措施，有的 PLC 还采用了冗余技术等，进一步增强了 PLC 的可靠性。

（3）编程简单、使用方便

PLC 在基本控制方面采用梯形图进行编程，梯形图与继电器控制电路图相呼应，形式简单、直观性强，使用者容易接受。用梯形图编程出错率比用汇编语言低得多。梯形图、流程图、语句表之间可以有条件地相互转换，使用极其方便。

（4）模块化结构、安装简单、调试方便

PLC 的各个部件，包括 CPU、电源、I/O 等均采用模块化结构设计，由机架和电缆将各模块连接起来，由于配置灵活，扩展、维护更加方便。另外，PLC 的接线十分方便，只需将输入信号的设备（如按钮、开关等）与 PLC 的输入端子相连，将接受控制的执行元件（接触器、电磁阀等）与输出端子相连即可。调试工作大部分是在室内调试，用模拟开关模拟输入信号，其输入状态和输出状态可以通过观察 PLC 上相应的发光二极管，根据它进行测试、排错和修改。

西门子 S7–300 PLC

1．系统结构

S7–300 PLC 是模块式中小型 PLC，其电源、CPU 和其他模块都是独立的，可以通过 U 形总线把电源（PS）、CPU 和其他模块紧密固定在标准轨道上。每个模块都有一个总线连接器，后者插在各模块的背后。电源模块总是安装在机架的最左边，CPU 模块紧靠电源模块。CPU 模块的右边是可以选装的 IM 接口模块，如果只用主架导轨而没有使用扩展支架可以不选择 IM 接口模块。

使用 S7 编程软件进行主架导轨硬件组态时，电源、CPU 和 IM 分别放在导轨的 1 号槽、2 号槽和 3 号槽上。一条导轨共有 11 个槽号：1 号槽至 11 号槽，其中 4 号槽至 11 号槽可以随意放置除电源、CPU 和 IM 以外的其他模块，如 DI（数字量输入）、DO（数字量输出）、AI（模拟量输入）、AO（模拟量输出）、FM（功能模块）和 CP（通信模块）等。

2．CPU 模块

CPU 模块是控制系统的核心，负责系统的中央控制、存储并执行程序，实现通信功能，为 U 形总线提供 5 V 直流电源。

CPU 有 4 种操作模式：STOP（停机）、STARTUP（启动）、RUN（运行）和 HOLD（保持）。在所有的模式中，都可以通过 MPI 接口与其他设备通信。

S7–300 PLC 的 CPU 模块具有多种不同功能特点的型号，如：

（1）6 种紧凑型 CPU，带有集成的功能和 I/O：312C、313C、313C–PtP、313C–2DP、314C–PtP 和 314C–2DP。

（2）革新的标准型 CPU：312、314 和 315–2DP。

（3）5 种标准的 CPU：313、314、315、315–2DP 和 316–2DP。

（4）户外型 CPU：312 IFM、314 IFM、314 户外型和 315–2DP。

（5）大容量高端型 CPU：317–2DP 和 CPU 318–2DP。

（6）主从接口安全型 CPU：315F–2DP。

3．模拟量输入模块

在生产过程中有大量的连续变化的模拟量需要用 PLC 来测量或控制。有的是非电量，例如温度、压力、流量物体的成分和频率等。有的是强电量，例如发电机组的电流、电压、有功功率和无功功率等。变送器用于将传感器提供的电量或非电量转换成标准量程的直流电压和直流电流信号，例如 DC 1 ~ 5 V 和 DC 4 ~ 20 mA。

模拟量输入模块用于将模拟量信号转换为 CPU 内部处理用的数字信号，其主要组成部分是 A/D 转换器。模拟量输入模块的输入信号一般都是模拟量变送器输出的标准量程的直流电压或直流电流信号。

模拟量输入 / 输出模块中模拟量对应的数字称为模拟值，模拟值用 16 位二进制补码来表示，最高位为符号位。模拟量输入模块的模拟值与百分数表示的模拟量之间的对应关系为：双极性模拟量量程的上下限（100% 和 –100%）分别对应模拟值 27 648 和 –27 648。单极性模拟量量程的上下限（100% 和 0%）分别对应于模拟值 27 648 和 0。

学习活动 4　工作总结与评价

学习目标

1. 能够采用多种形式进行成果展示。
2. 能够有效进行工作总结和经验交流。
3. 能够按照要求对任务实施过程进行综合评价。

建议学时：2 学时

学习过程

一、成果展示

以小组为单位，对学习任务成果进行展示，编制展示方案，并派代表介绍自己小组的优秀成果，通过作品展示，锻炼每一位小组成员的表达能力，提升自己的专业素养。将展示方案或提纲记录下来。

二、回顾与点评

1．在本任务自己及本小组的工作中，满意的地方有哪些？为什么？

2．本次工作中遇到了哪些问题？是如何解决的？

3．听取其他小组的展示汇报后，总结其他小组在学习过程中值得借鉴的经验，记录下来。

三、综合评价

在世界技能大赛中，对选手的评价除了遵循要求能按图纸、工艺、安全规程完成施工任务，满足任务所描述的功能、尺寸要求，注重工艺规范等原则外，还注重综合职业素养，包括要求选手具有一定的组织规划、沟通、创新等能力，在施工过程中安全文明操作、具有环保意识和成本意识等。参照世界技能大赛的评价理念，根据工作任务的完成情况，通过自我评价、小组评价和教师评价，按照表 1-4-1 所列项目，对任务实施过程进行综合评价。

表 1-4-1　　评价表

<table>
<tr><th rowspan="2" colspan="2">评价项目</th><th rowspan="2">分值</th><th colspan="3">评分</th></tr>
<tr><th>自我评价</th><th>小组评价</th><th>教师评价</th></tr>
<tr><td colspan="2">准确描述工作任务，填写任务单</td><td>5</td><td></td><td></td><td></td></tr>
<tr><td colspan="2">团队合作，合理制订计划，高效管理时间</td><td>5</td><td></td><td></td><td></td></tr>
<tr><td colspan="2">正确完成工作站通信线的安装，符合工艺要求</td><td>20</td><td></td><td></td><td></td></tr>
<tr><td colspan="2">正确检测工作站通信线的信号，如发现问题，及时准确解决</td><td>20</td><td></td><td></td><td></td></tr>
<tr><td colspan="2">正确完成工位间交互信号的连接，符合技术要求</td><td>20</td><td></td><td></td><td></td></tr>
<tr><td colspan="2">正确检测工位间交互信号，如发现问题，及时准确解决</td><td>20</td><td></td><td></td><td></td></tr>
<tr><td colspan="2">执行企业的 6S 管理规定，安全文明操作，具有环保意识和成本意识</td><td>10</td><td></td><td></td><td></td></tr>
<tr><td colspan="2">学习过程中提出具有创新性、可行性的建议</td><td>加分项</td><td></td><td></td><td></td></tr>
<tr><td>班级</td><td></td><td>学号</td><td colspan="3"></td></tr>
<tr><td>姓名</td><td></td><td>综合评价得分</td><td colspan="3"></td></tr>
<tr><td>指导教师</td><td></td><td>日期</td><td colspan="3"></td></tr>
</table>

世赛知识

中国的参赛历程与成绩

虽然中国参加世界技能大赛起步比较晚，但在世界技能大赛中国组委会的有效组织和协调下，五次征战，次次有突破，累计获得 36 枚金牌、29 枚银牌、20 枚铜牌和 58 个优胜奖，以令人震撼的成绩向世界充分展现了“中国制造”的力量。世界技能大赛为中国的技能交流打开了世界之窗，推动中国在技能教育、技能培训、技能研究和技能交流等方面的全面发展。

1．首战伦敦

2011 年 10 月，在英国伦敦举行的第 41 届世界技能大赛上，中国首次组团参加了 6 个项目的比赛，获得 1 枚银牌和 5 个优胜奖。

2．挺进莱比锡

2013 年 7 月，在德国莱比锡举行的第 42 届世界技能大赛上，中国代表团参加了 22 个项目的比赛，获得 1 枚银牌、3 枚铜牌和 13 个优胜奖。

3．圆梦巴西

2015 年 8 月，在巴西圣保罗举行的第 43 届世界技能大赛上，中国代表团参加了 29 个项目的比赛，获得 5 枚金牌、6 枚银牌、4 枚铜牌和 11 个优胜奖，实现了金牌零的突破。

4．技竞阿布扎比

2017 年 10 月，在阿联酋阿布扎比举行的第 44 届世界技能大赛上，中国代表团参加了 47 个项目的比赛，获得 15 枚金牌、7 枚银牌、8 枚铜牌和 12 个优胜奖，金牌总数、奖牌总数和团体总分均位列第一。

5．征战喀山

2019 年 8 月，在俄罗斯喀山举行的第 45 届世界技能大赛上，中国代表团参加了全部 56 个项目的比赛，获得 16 枚金牌、14 枚银牌、5 枚铜牌和 17 个优胜奖，金牌总数、奖牌总数和团体总分再次列第一，获得了历史最好成绩。

学习任务二　工业机器人多工作站的联机调试

学习目标

1. 能根据任务要求，明确工业机器人多工作站联调工作内容及工期要求，讨论并制订合理的工作计划。

2. 能明确相关作业规范及技术标准，并能进行作业前的准备工作。

3. 能正确识别相关设备的接口。

4. 能完成机器人电控信号的检测。

5. 能利用示教器编写工业机器人的程序实现任务要求。

6. 能编写简单的 PLC 程序实现任务要求。

7. 能对机器人、手机测试设备、机器人搬运夹具、视觉系统和物流线之间的逻辑动作进行调试。

8. 能对 PLC 总控和辅助设备（手机测试设备、物流线）之间的逻辑动作进行调试。

9. 能通过整线联调对机器人、PLC 和辅助设备进行整体节拍、稳定性和互锁调整。

10. 能填写相应的调试记录单。

11. 能主动获取信息，展示工作成果，对学习与工作进行反思总结，并能与他人进行有效的沟通和良好的合作。

建议学时

56 学时

工作情境描述

某手机制造企业需要快速检测手机性能，引进了一套工业机器人手机测试线。该测试线由 3 台 6 轴工业机器人、3 套测试设备、3 套视觉系统、4 条物流线和 1 套 PLC 总控系统组成，可完成三种手机功能的测试。前期已完成工作站间的通信与测试，现需要进行多工作站联调。由调试负责人向操作调整工下达联机调试任务，要求操作调整工按照合同的技术要求，在规定的工期内完成多工作站联调电控信号的检测、多工作站联调通信与程序编写、多工作站联调的整线联调。

工作流程与活动

1. 多工作站联调电控信号的检测（4 学时）
2. 多工作站联调通信与程序编写（34 学时）
3. 多工作站联调的整线联调（16 学时）
4. 工作总结与评价（2 学时）

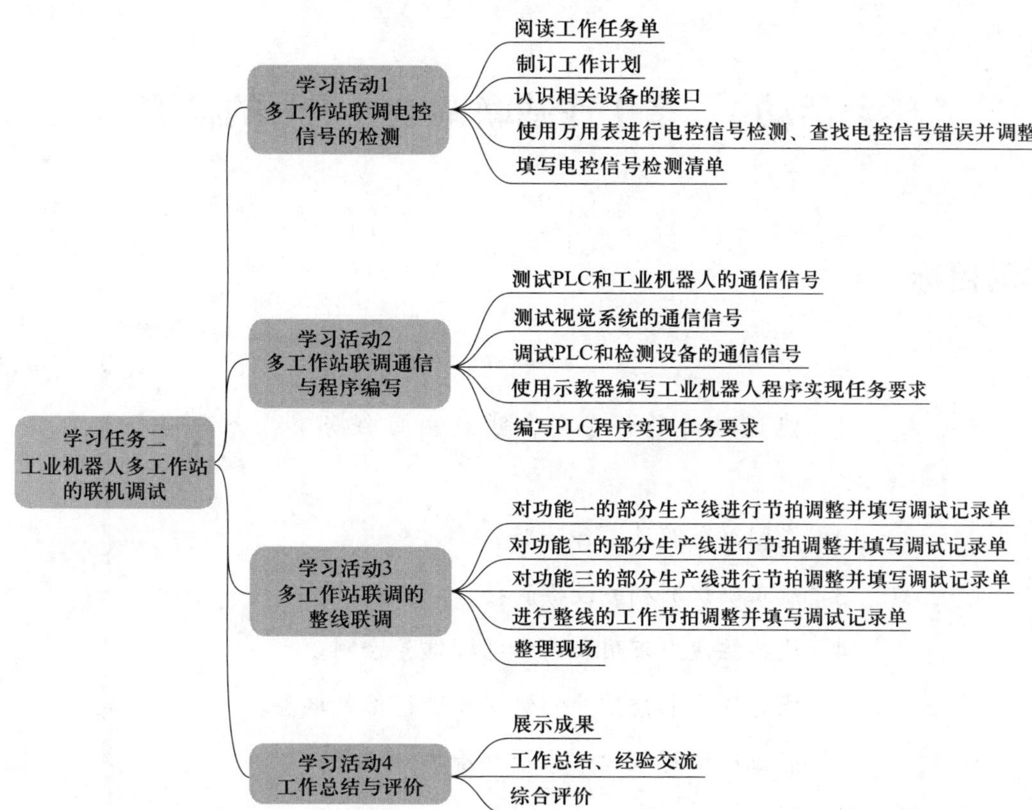
学习任务二
工业机器人多工作站
的联机调试
学习活动1
多工作站联调电控
信号的检测
阅读工作任务单
制订工作计划
认识相关设备的接口
使用万用表进行电控信号检测、查找电控信号错误并调整
填写电控信号检测清单
学习活动2
多工作站联调通信
与程序编写
测试PLC和工业机器人的通信信号
测试视觉系统的通信信号
调试PLC和检测设备的通信信号
使用示教器编写工业机器人程序实现任务要求
编写PLC程序实现任务要求
学习活动3
多工作站联调的
整线联调
对功能一的部分生产线进行节拍调整并填写调试记录单
对功能二的部分生产线进行节拍调整并填写调试记录单
对功能三的部分生产线进行节拍调整并填写调试记录单
进行整线的工作节拍调整并填写调试记录单
整理现场
学习活动4
工作总结与评价
展示成果
工作总结、经验交流
综合评价

学习活动 1　多工作站联调电控信号的检测

学习目标

1. 能通过工作任务单，明确项目任务和个人任务要求。
2. 能制订合理的工作计划。
3. 能正确识别相关设备的接口。
4. 能熟练使用万用表进行电控信号检测。
5. 能查找出电控信号的错误并进行信号调整。
6. 能正确填写电控信号检测清单。

建议学时：4 学时

学习过程

一、明确工作任务

阅读工作情境描述并查阅相关资料，结合本任务的实际情况，填写表 2–1–1 所列工作任务单，并回答后面的问题。

表 2–1–1　工作任务单

<table>
<tr><td colspan="2">需方单位名称</td><td colspan="2"></td><td>完成日期</td><td colspan="2">年　月　日</td></tr>
<tr><td>序号</td><td>组成部件</td><td colspan="2">调试内容</td><td colspan="3">技术标准、质量要求</td></tr>
<tr><td>1</td><td></td><td colspan="2"></td><td colspan="3"></td></tr>
<tr><td>2</td><td></td><td colspan="2"></td><td colspan="3"></td></tr>
<tr><td>3</td><td></td><td colspan="2"></td><td colspan="3"></td></tr>
<tr><td>4</td><td></td><td colspan="2"></td><td colspan="3"></td></tr>
<tr><td colspan="2">通知任务时间</td><td>年　月　日</td><td>发单人</td><td colspan="3"></td></tr>
<tr><td colspan="2">接单时间</td><td>年　月　日</td><td>接单人</td><td></td><td>生产班组</td><td></td></tr>
</table>

1．本次任务要调试的设备包括什么?

2．设备之间用到了哪些通信方式?

3．本任务手机测试线可实现哪三种手机功能的测试。

（1）功能一：

（2）功能二：

（3）功能三：

二、制订工作计划

根据任务要求，查阅相关资料并通过小组讨论，确定完成工作任务所需的主要步骤，制订出工作计划，记录在表 2–1–2 中。

表 2–1–2　　工作计划表

<table>
<tr><td>团队名称</td><td></td><td>团队编号</td><td></td><td>任务名称</td><td colspan="2"></td><td>任务起止日期</td><td></td></tr>
<tr><td>序号</td><td>步骤名称</td><td colspan="4">工作内容</td><td>预计施工日期</td><td>预计工时</td><td>备注</td></tr>
<tr><td>1</td><td></td><td colspan="4"></td><td></td><td></td><td></td></tr>
<tr><td>2</td><td></td><td colspan="4"></td><td></td><td></td><td></td></tr>
<tr><td>3</td><td></td><td colspan="4"></td><td></td><td></td><td></td></tr>
<tr><td>4</td><td></td><td colspan="4"></td><td></td><td></td><td></td></tr>
<tr><td>5</td><td></td><td colspan="4"></td><td></td><td></td><td></td></tr>
<tr><td>6</td><td></td><td colspan="4"></td><td></td><td></td><td></td></tr>
<tr><td>7</td><td></td><td colspan="4"></td><td></td><td></td><td></td></tr>
<tr><td>8</td><td></td><td colspan="4"></td><td></td><td></td><td></td></tr>
<tr><td>9</td><td></td><td colspan="4"></td><td></td><td></td><td></td></tr>
</table>

计划制订人签名：______________　　　教师签名：______________

年　　月　　日

三、认识相关设备的接口

1．图 2–1–1 所示为 ABB IRC5 机器人控制柜的接口图，写出各数字所代表的接口的名称。

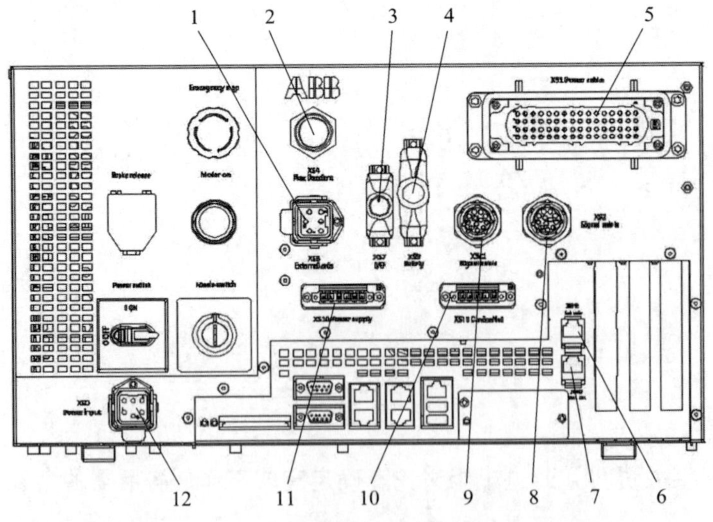

图 2–1–1　ABB IRC5 机器人控制柜的接口图

2. 图 2-1-2 所示为 ABB 机器人标准 I/O 板 DSQC652 的接口图，写出各数字所代表的接口的名称。

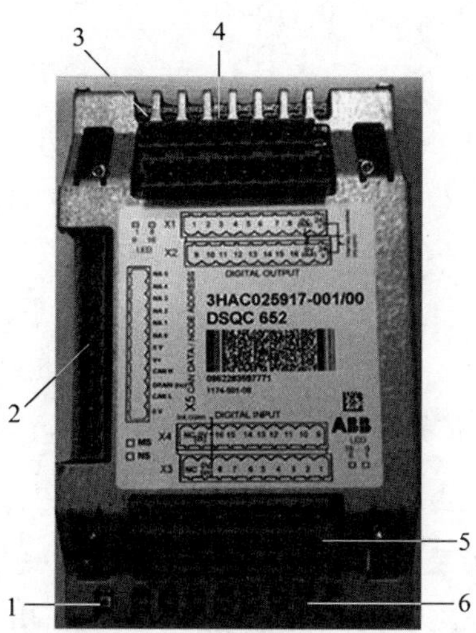

图 2-1-2　ABB 机器人标准 I/O 板 DSQC652 的接口图

3. ABB 机器人标准 I/O 板 DSQC652 的数字输出接口 X1、X2 的端子编号和地址分配的对应关系是什么？

4．ABB 机器人标准 I/O 板 DSQC652 的数字输出接口输出电压是多少？

四、检测电控信号

1．现有万用表直流电压量程 2 V、20 V、200 V、1 000 V 四个挡位，假如被测直流电压为 24 V，应选用什么直流电压挡进行测量？

2．现对某台机器人数字输出 do01 信号进行仿真置位，如图 2-1-3 所示，如何检测 do01 的电控信号？

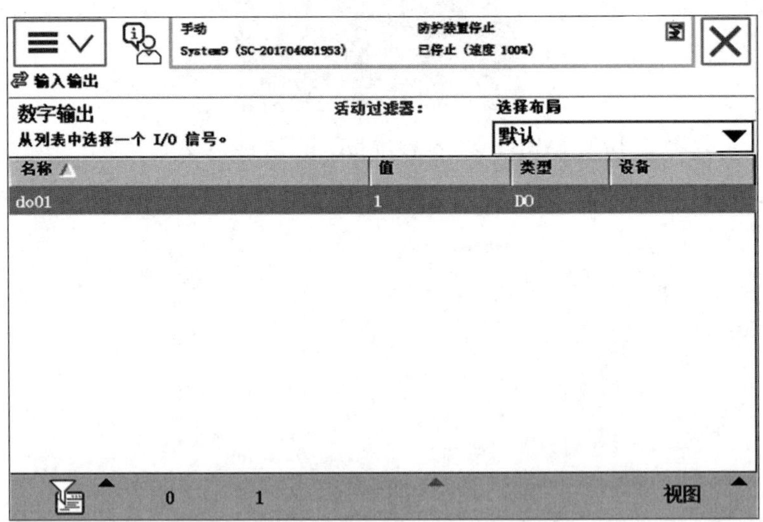

图 2-1-3　数字输出 do01 仿真置位

3．查阅相关资料，明确检测项目，正确接线，完成电控信号的检测，对查找出的错误进行调整，填写表 2–1–3。

表 2–1–3　　电控信号检测清单

序号	信号名称	试验功能	单位	数量	附件	检测结果	备注

学习活动 2　多工作站联调通信与程序编写

学习目标

1. 能对 PLC 和工业机器人进行通信信号调试。
2. 能对视觉系统进行通信信号调试。
3. 能对 PLC 和检测设备进行通信信号调试。
4. 能利用示教器编写工业机器人的程序实现任务要求。
5. 能编写简单的 PLC 程序实现任务要求。

建议学时：34 学时

学习过程

一、通信信号调试

1．PLC 与工业机器人的通信方式有哪些?

2．视觉系统可以通过什么方式与其他设备进行通信?

3．PLC 与检测设备的信号调试内容有哪些？

4．查阅相关资料，明确视觉系统通信信号检测的检测内容、检测方法，并记录下来。

5．查阅相关资料，明确对 PLC 与检测设备进行通信信号调试的调试内容、调试方法，并记录下来。

6．阅读教师提供的 PLC I/O 分配表等技术资料，根据 PLC I/O 分配表以及设备接线，查阅相关资料，明确通信信号的测试内容、测试方法，对通信信号进行测试，并填写表 2–2–1 所示通信信号调试清单。

表 2–2–1 通信信号调试清单

序号	设备名称	信号名称	试验功能	附件	检测结果	备注

二、工业机器人的程序编写

1．知识准备

（1）工业机器人进行轨迹编程的方式有哪些？

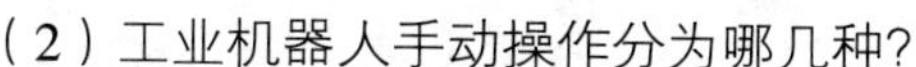

（2）工业机器人手动操作分为哪几种?

（3）工业机器人示教编程的 RAPID 程序分为哪几个模块?

（4）程序模块中包括了哪些对象?

（5）机器人常用的运动指令有哪些？

2．填写工业机器人输入输出信号表

（1）阅读教师提供的I/O表等技术资料，根据I/O表定义工业机器人的I/O，填写工业机器人输入信号表（表2–2–2）。

表2–2–2　　工业机器人输入信号表

机器人控制器I/O板地址	名称（DI）	描述	对应关系	对应PLC I/O

（2）根据 I/O 表定义工业机器人的 I/O，填写工业机器人输出信号表（表 2–2–3）。

表 2–2–3　　工业机器人输出信号表

机器人控制器 I/O 板地址	名称（DO）	描述	对应关系	对应 PLC I/O

3．编写程序

使用示教器编写工业机器人程序，实现包括添加工作间交互信号和安全信号在内的各项功能，填写工业机器人程序卡（表 2–2–4）。

表 2-2-4 工业机器人程序卡

工业机器人程序卡	机器人型号		编写日期	
	机器人工位编号		程序名称	
	任务说明		实训车间	

程序行	指令	注释

续表

程序行	指令	注释

三、多站联调 PLC 的程序编写

1．PLC 与哪些设备进行了信号交互？

2．查阅工作站提供的技术资料，结合设备间的信号交互，编写 PLC 程序流程图，实现包括添加工作间交互信号和安全信号在内的各项功能。

3．根据教师提供的 I/O 分配表及接线图，编写 PLC 梯形图程序。

学习活动 3　多工作站联调的整线联调

学习目标

1. 能针对单一功能的部分生产线进行节拍调整并填写调试记录单。

2. 能进行整线的工作节拍调整并填写整线调试记录单。

3. 能对机器人、手机测试设备、机器人搬运夹具、视觉系统和物流线之间的逻辑动作进行调试。

4. 能对 PLC 总控和辅助设备（手机测试设备、物流线）之间的逻辑动作进行调试。

5. 能通过整线联调对机器人、PLC 和辅助设备进行整体节拍、稳定性和互锁调整。

6. 任务完成后，能够规范整理相关工具材料和文件资料，恢复工作现场环境。

建议学时：16 学时

学习过程

一、功能一工作节拍调整

1. 回顾以往课程所学内容，简要说明什么是节拍调整。

2．节拍调整过程中会涉及对机器人、手机测试设备、机器人搬运夹具、视觉系统和物流线之间的逻辑动作的调试工作，回顾以往课程所学内容并查阅资料，写出各项调试工作的主要方法、步骤或注意事项。

3．现针对功能一的部分生产线进行节拍调整，涉及哪些设备?

4．针对功能一节拍调整涉及的设备完成节拍调整，填写功能一调试记录单（表 2–3–1）。

表 2–3–1　　功能一调试记录单

调试设备	工序序号	工序内容	工序调整前所需时间	调整内容	工序调整后所需时间

续表

调试设备	工序序号	工序内容	工序调整前所需时间	调整内容	工序调整后所需时间

二、功能二工作节拍调整

1．现针对功能二的部分生产线进行节拍调整，涉及哪些设备?

2．针对功能二节拍调整涉及的设备完成节拍调整，填写功能二调试记录单（表 2–3–2）。

表 2–3–2

功能二调试记录单

调试设备	工序序号	工序内容	工序调整前所需时间	调整内容	工序调整后所需时间

续表

调试设备	工序序号	工序内容	工序调整前所需时间	调整内容	工序调整后所需时间

三、功能三工作节拍调整

1．现针对功能三的部分生产线进行节拍调整，涉及哪些设备？

2．针对功能三节拍调整涉及的设备完成节拍调整，填写功能三调试记录单（表 2–3–3）。

表 2–3–3　功能三调试记录单

调试设备	工序序号	工序内容	工序调整前所需时间	调整内容	工序调整后所需时间

续表

调试设备	工序序号	工序内容	工序调整前所需时间	调整内容	工序调整后所需时间

四、整线的工作节拍调整

1．整线调整的内容包括什么？包括哪些设备？

2．针对整线联调涉及的设备完成节拍调整，填写整线联调清单（表 2–3–4）。

表 2–3–4　整线联调清单

功能名称	设备名称	实现功能	调整前所需时间	调整内容	调整后所需时间	备注

五、整理现场

任务完成后，对工作现场进行清理，恢复工作现场环境，将工具、仪器设备、剩余器材归还至工具室、仪器室和材料室等保管场所，将相关资料、文件规范有序地整理好。

学习活动 4 工作总结与评价

学习目标

1. 能够采用多种形式进行成果展示。
2. 能够有效进行工作总结和经验交流。
3. 能够按照要求对任务实施过程进行综合评价。

建议学时：2 学时

学习过程

一、成果展示

以小组为单位，对学习任务成果进行展示，编制展示方案，并派代表介绍自己小组的优秀成果，通过作品展示，锻炼每一位小组成员的表达能力，提升自己的专业素养。将展示方案或提纲记录下来。

二、回顾与点评

1．在本任务自己及本小组的工作中，满意的地方有哪些？为什么？

2．本次工作中遇到了哪些问题？是如何解决的？

3．听取其他小组的展示汇报后，总结其他小组在学习过程中值得借鉴的经验，记录下来。

三、综合评价

在世界技能大赛中，对选手的评价除了遵循要求能按图纸、工艺、安全规程完成施工任务，满足任务所描述的功能、尺寸要求，注重工艺规范等原则外，还注重综合职业素养，包括要求选手具有一定的组织规划、沟通、创新等能力，在施工过程中安全文明操作、具有环保意识和成本意识等。参照世界技能大赛的评价理念，根据工作任务的完成情况，通过自我评价、小组评价和教师评价，按照表 2-4-1 所列项目，对任务实施过程进行综合评价。

表 2-4-1　　评价表

评价项目	分值	评分		
		自我评价	小组评价	教师评价
准确描述工作任务，填写任务单	5			
团队合作，合理制订计划，高效管理时间	5			
正确检测多工作站联调电控信号，如发现问题，及时准确解决	20			
正确测试多工作站联调设备间通信，如发现问题，及时准确解决	20			
正确编写并调试多工作站联调中 PLC、机器人的程序，无逻辑错误，符合技术要求	20			
正确调整多工作站整线的工作节拍，及时记录功能调试记录单	20			
执行企业的 6S 管理规定，安全文明操作，具有环保意识和成本意识	10			
学习过程中提出具有创新性、可行性的建议	加分项			

班级		学号	
姓名		综合评价得分	
指导教师		日期	

世赛知识

我国参赛选手的选拔

参加世界技能大赛代表国家形象，因此，必须确保选拔出最优秀的选手为国出征。

我国在选拔选手时，主要分两个阶段。

第一个阶段是全国选拔。这个阶段类似于“海选”，在各地、各部门初赛的基础上，人力资源和社会保障部组织开展世界技能大赛全国选拔赛，根据选手成绩，最终每个参赛项目约有 10 人入选国家集训队。

第二个阶段是集训选拔。主要是依托世界技能大赛中国集训基地，对入选国家集训队的选手进行集训，并根据集训安排进行“十进五”“五进三”“三进二”“二进一”等阶段性考核选拔，最后每个参赛项目选出 1 名最优秀的选手代表祖国出征，可谓大浪淘沙。

可以说，最终代表国家出征的参赛选手，每一位都经历了层层选拔，经历了常人无法想象的艰苦历程。正因为如此，他们才能够凭借精湛的技艺和强大的心理素质，最终在国际技能竞赛的舞台上一展身手，取得优异成绩。

我国对世界技能大赛全国选拔赛的组织是非常严密的，每届世界技能大赛全国选拔赛开始前，人力资源和社会保障部都会出台详细的“竞赛技术规则”，要求全国选拔赛本着公平、公正、公开的原则组织实施。

世界技能大赛全国选拔赛与我国的职业技能竞赛是紧密结合的。

我国职业技能竞赛始于 20 世纪 50 年代，具有广泛的群众基础，实行分级、分类管理，共分为国家、省和地市三级。

在以往职业技能竞赛基础上，为对接世界技能大赛，打造新时代全国性综合职业技能竞赛新品牌，健全职业技能竞赛体系，引领各地、各行业不断提升技能竞赛工作规模和质量，推动以赛促学、以赛促训、以赛促建，2020 年 12 月，我国在广东省广州市举办了中华人民共和国第一届职业技能大赛。来自全国各省（自治区、直辖市）、新疆生产建设兵团和有关行业的 36 个代表团共 2 557 名选手参加了比赛。本次大赛是新中国成立以来规格最高、项目最全、选手最多、影响最广的综合性、全国性技能竞赛盛会。

大赛共设置了 86 个竞赛项目，其中，63 个竞赛项目为世赛选拔项目。世赛选拔项目比赛即作为第 46 届世界技能大赛全国选拔赛。这些项目中，单人项目前 10 名、团队项目前 5 名选手入围第 46 届世界技能大赛中国集训队。